DE LA VERTU

DE L'OPIUM

DANS

LES MALADIES VÉNÉRIENNES.

DE L'IMPRIMERIE DE J. B. KINDELEM.

DE LA VERTU

DE L'OPIUM

DANS

LES MALADIES VÉNÉRIENNES,

NOUVELLES RECHERCHES CLINIQUES

DE JOSEPH PASTA,

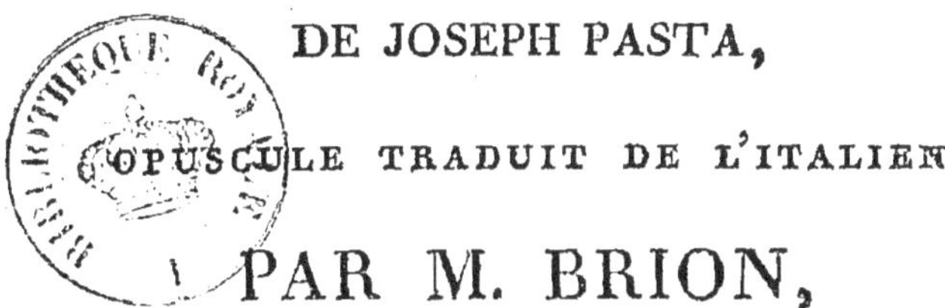

OPUSCULE TRADUIT DE L'ITALIEN

PAR M. BRION,

Docteur en Médecine et en Chirurgie, de l'Université-Ludovicée de Montpellier, et agrégé au Collége des Médecins de Lyon ; ancien Professeur d'anatomie et des maladies vénériennes, etc. audit Collége ; ancien Conseiller-Médecin du Roi aux rapports en justice ; Membre du Comité de Vaccine de Lyon ; ancien Président du Jury d'instruction de l'Ecole Royale - Vétérinaire de Lyon ; Correspondant de la Société de Médecine-pratique de Montpellier , etc.

A LYON,

Chez le Médecin BRION, quai St-Antoine, N.º 34, au 2.ᵉ ;
et chez les principaux Libraires.

1816.

AVANT-PROPOS

DU TRADUCTEUR.

Peu d'années après la publication des *Nouvelles recherches cliniques de Pasta* sur la vertu de l'opium dans les maladies vénériennes, j'eus occasion de connaître cet opuscule et d'en vérifier le contenu. J'ai depuis lors constamment employé ce médicament dans les mêmes circonstances, et avec un succès tel, que j'ai eu lieu de m'étonner qu'il ne fût pas plus communément répandu dans la pratique. J'ai pensé que cet abandon d'un excellent remède, dans des cas extrêmement graves, qui font souvent le désespoir de la médecine, tenait bien plutôt à l'ignorance de ses bons effets, qu'à une indifférence condamnable d'ailleurs, et qui serait contraire à l'esprit d'humanité qui conduit les médecins.

Cette raison m'a donc engagé à traduire l'opuscule de *Pasta*, persuadé qu'on me saura gré de faire revivre des observations oubliées depuis 1788, époque de leur publication, et qui méritent cependant toute l'attention des gens de l'art.

Ce n'est pas que depuis cette même époque, notre Europe ait totalement négligé l'usage de l'opium dans les affections vénériennes ; mais on trouve en France, toutefois, peu d'indices qui prouvent que la médecine l'ait mis à contribution. Cependant, comme il manque à l'histoire de cet usage, tout ce qui s'est passé depuis 1788, et même à certaines époques antérieures, jusqu'à présent, je vais tâcher de remplir cette lacune, bien imparfaitement, j'en conviens, puisque depuis 1792 il n'est pas venu à ma connaissance qu'on ait rien publié, en France sur-tout, sur cette importante matière. Au reste, *Pasta* a commis, par rapport aux Français, une erreur sans doute involontaire, à l'occasion de l'admission de l'opium dans les cas de maladies vénériennes. Je rectifierai cette erreur; et il restera démontré que les Français ont peut-être, à cet égard, l'antériorité sur les Italiens.

Par exemple, notre auteur n'accorde aux médecins français la connaissance de cet usage de l'opium qu'en 1787; et cependant, si l'on consulte les commentaires de médecine par *Duncan*, vol. 10, on y trouve une lettre d'un Gentleman de retour du continent d'Europe, par laquelle il est évident qu'on traitait déjà, et même avant 1781, à l'hôpital militaire de Lille, les maladies vénériennes au moyen de l'opium. « Le médecin de cet hôpital, » y est-il dit, a depuis quelque temps » administré l'opium à tous les malades » siphilitiques, et a réussi au delà de » tout ce qu'on peut dire. »

Les nouveaux mémoires de l'Académie de Stockholm, pour 1784, contiennent entr'autres quatre observations détaillées des bons effets de l'opium dans des cas de symptômes vénériens, tels que ulcères, carie, condilômes, douleurs nocturnes, etc. par André-Jean *Hagstrom*.

Ce qui donne ensuite à la lettre du Gentleman anglais ci - dessus indiqué, toute l'authenticité d'un fait historique, ce sont les expériences faites à ce même hôpital de Lille, par les Commissaires chargés par la Cour, en 1785, de suivre les traitemens tentés par le Docteur *Merlin*, avec l'opium, dans les maladies vénériennes. Il résulte de ces expériences que l'opium ne peut pas être rigoureusement considéré comme anti-vénérien, administré seul, mais qu'il réussit après les traitemens mercuriels infructueux, et qu'il est sur - tout un bon auxiliaire du mercure : il pousse aux urines et à la peau.

L'époque où se terminent les expériences du Docteur *Pasta*, est aussi une époque remarquable en Angleterre, en Suède, en France. Dans un traité de matière médicale donné à Londres, en 1788, par *Monro*, l'opium est considéré, d'après des expériences répétées, non comme un anti-vénérien par lui-même, mais comme un moyen propre à faire soutenir plus long-temps l'usage du mercure, et à hâter la disparition des symptômes vénériens qui auraient paru résister à ce médicament, lesquels cèdent facilement ensuite à de hautes doses d'opium, associé à un régime doux. On trouve dans l'ouvrage intitulé *Lecture pour les naturalistes*, imprimé à Stockholm la même année, un article de *M. Rydborck*, lequel assure que l'opium a manifesté une grande efficacité dans l'arthritis vénérienne, dans les ulcères et les douleurs ostéocopes. *M. Pecot*, chirurgien à Besançon, a consigné dans le journal de médecine, cahier d'octobre 1788, l'observation d'une fille qui portait un chancre considérable à la fourchette, et deux ouvertures transversales aux aines, qu'un traitement mercuriel de deux mois n'avait pu guérir, et qui fut bientôt mise en train de guérison, au moyen de l'opium.

M. le Docteur *Louis Valentin* a souvent employé avec succès l'opium dans les maladies vénériennes, sous des climats et des latitudes différentes, comme auxiliaire du mercure. En 1789, il eut à traiter pendant plus de six mois, à l'hôpital militaire de Nancy, un grand nombre de soldats vénériens, attaqués d'une gangrène effroyable. Les uns perdaient la verge et le scrotum ; les autres éprouvaient à la suite de bubons ouverts spontanément ou au moyen d'un simple coup de lancette, une grangrène qui détruisait bientôt la peau de l'aine, d'une partie de la cuisse et du bas-ventre, quelquefois les muscles mêmes. Rien ne réussit à borner ces gangrènes que l'opium et le quinquina, administrés deux ou trois fois le jour.

C'est à peu près à la même époque que l'Anglais *Turnbull* conseille l'opium intérieurement, conjointement avec le mercure, pour garantir l'estomac de l'impression des sels mercuriels, et en topique dans les ulcères vénériens opiniâtres et de mauvais caractère. Il cite entr'autre, une formule espagnole qui consiste à mêler l'opium au camphre; on dirige sur l'ulcère la vapeur de ce mélange qu'on fait brûler.

Le Docteur *Althof*, dans ses remarques pratiques sur quelques remèdes, imprimées à Goethingue en 1791, vante aussi l'opium comme le meilleur moyen contre les affections locales, rebelles au mercure, contre la gonorrhée, la strangurie spasmodique, les ulcères, les douleurs ostéocopes, etc. etc.

M. Marc, médecin d'Erlang, a donné en 1792, un mémoire sur l'efficacité de l'opium dans les maladies vénériennes ; il y consigne cinq observations concluantes des heureux effets de ce médicament dans la siphilis.

M. Valentin, que je viens de citer, se trouvant à New-York en 1794, eut occasion de voir dans un hôpital de vénériens, des matelots affectés d'une gangrène semblable à celle des soldats de Nancy. Il conseilla le même traitement qu'il avait employé en 1789 ; et ce fut avec le plus heureux succès. Trois ans après, j'obtins, dit ce médecin distingué, les mêmes succès à *Norfolk* en Virginie, dans des cas d'ulcères vénériens gangreneux. Il ajoute que par le moyen de l'opium, il a constamment évité de donner les robs dits antisiphilitiques ; que dans le cas de ptyalisme causé par le mercure, l'opium en a presque toujours diminué l'abondance ; que c'est enfin le meilleur remède qu'il connaisse comme accessoire du mercure. (*M. Valentin m'a communiqué ces notes durant le séjour qu'il vient de faire à Lyon.*)

Il résulte du petit nombre de recherches qu'il m'a été possible de faire, que l'opium est un remède héroïque dans les cas de maladies vénériennes invétérées, opiniâtres, qui ont paru résister au mercure ; que même dans quelques circonstances, ce médicament a paru seul capable de guérir des symptômes vénériens, sans l'intervention du mercure. Si cette dernière propriété peut encore lui être contestée, c'est peut-être parce qu'il n'a pas été fait des expériences assez multipliées par les divers médecins

qui l'ont tenté dans d'autres circonstances ; car s'il n'a pas été possible aux
Commissaires de Lille de proclamer ou-
vertement cette propriété, c'est moins
faute d'une conviction intime, que parce
que les faits dont ils ont été témoins
n'étaient point assez nombreux. On sait
d'ailleurs que le Docteur Merlin n'élevait
aucun doute sur cette propriété, lui
dont l'expérience était bien plus étendue.
S'il m'était permis de me citer en témoignage de l'expérience de M. Merlin, je
dirais que j'ai déjà en mon pouvoir un
assez grand nombre d'observations qui
justifient pleinement ce dernier point de
la pratique du médecin de Lille. Cependant, comme dans des cas semblables
notre propre conviction ne suffit pas, et
que tant qu'il reste quelque équivoque sur
un point contesté, les conséquences ne
peuvent pas être admises comme rigou-
reuses ; que nul, au reste, n'est tenu de
s'en rapporter à la parole d'autrui, à

moins que l'assertion ne soit matérielle-ment démontrée, j'attends d'avoir recueilli des observations, et plus nombreuses et plus directement concluantes, pour les publier. J'espère mettre alors dans tout son jour la vertu anti - vénérienne de l'opium., et démontrer qu'il est non-seulement un excellent remède dans les cas de symptômes vénériens qui paraissent avoir résisté au mercure, mais qu'il est de plus capable de guérir la vérole, sans l'intervention de ce minéral. Une longue pratique et des succès multipliés éclairciront, je pense , toutes les équivoques et fixeront tous les doutes à cet égard.

La question de l'efficacité d'un médi-cament quelconque est une question purement de fait; le raisonnement y a peu de part, quelque ingénieux et savant qu'il soit, et à plus forte raison s'il n'est que défectueux et grossier. Au reste, il est impossible de bien juger de ce même

fait à ceux qui n'en ont jamais tenté l'expérience, qui persistent à ne pas vouloir
le faire, et qui ne daignent pas même
chercher à s'assurer avec toute la franchise de l'équité, si les expériences faites
par les autres sont vraies. *Cocchi, Bains
de Pise. Chap. IV, pag. 289, fin de
la note.*

DE LA VERTU

DE L'OPIUM

DANS

LES MALADIES VÉNÉRIENNES.

---

*F*RANK, à Pavie, *Gherardini*, à Milan, sont les premiers qui aient proposé, en Italie, l'usage de l'OPIUM dans les maladies vénériennes. L'exemple d'un illustre Professeur, celui d'un Médecin distingué, sont bien faits sans doute pour engager dans la même carrière, quand ce ne serait que pour applaudir au mérite de l'entreprise d'aussi célèbres personnages.

Que peu satisfaite des expériences sur le mercure, souvent inutiles et quelquefois même dangereuses, entreprises depuis *Berenger de Carpi* jusqu'à *Deidier*, la médecine ait tout fait pour trouver des méthodes curatives moins meurtrières et plus efficaces pour dompter la maladie vénérienne, c'est un événement aussi connu qu'il est glorieux pour une profession qui met tout en usage, quoique souvent sans succès, pour découvrir des moyens propres à soulager l'humanité souffrante. Plusieurs années s'écoulèrent ensuite dans des expériences répétées sur le mercure , expériences faites d'ailleurs avec des connaissances plus étendues et des succès plus heureux , d'où résultèrent enfin les preuves évidentes de la supériorité spécifique de ce métal contre une maladie aussi destructive. Les médecins les plus prudens abandonnant alors toute recherche nouvelle , crurent devoir s'en tenir à cette seule découverte ; ce qui est sans doute très-louable de leur part. Il était sage en effet d'accorder au meilleur anti-vénérien une confiance sanctionnée par l'autorité de la raison. Avec un tel remède , on triomphait pour ainsi dire , en peu de jours, d'une maladie qu'on ne pouvait se flatter auparavant de dompter même au bout de plusieurs années. Ainsi le mercure a presque fait oublier tous les autres anti-vénériens ; et de quelque manière , et sous quelque forme qu'il ait été administré , on ne peut se refuser à l'admettre pour le grand spécifique de la siphilis.

Cependant, quelque honorable et avantageuse que soit à la science médicale une semblable découverte, il ne s'en suit pas que le hasard et les recherches des praticiens ne puissent en faire d'autres également utiles, au moins dans certaines circonstances. Tel est l'Opium dont on a tout récemment reconnu la propriété anti-vénérienne. Il y a environ dix ans qu'on parle de ce remède et qu'on en fait des épreuves. Cette nouvelle propriété doit ajouter à l'histoire d'un médicament sur lequel le célèbre *Tralles* a composé doctement quatre volumes, après les écrits non moins savans de *Hartmann, Sala, Ettmuller, Wedel, Deleboé, Van Helmont, Sydenham, Jones, Mead, Hoffmann, Hecquet, Alston*, et d'un grand nombre d'autres, soit dans des traités particuliers, soit dans des ouvrages de botanique, de matière médicale, d'histoire naturelle, de voyages, de médecine, etc.

L'Opium est, sans contredit, une des substances les plus précieuses que possède la médecine ; et quand il n'aurait que la propriété d'apaiser le tourment de la douleur, il sera toujours regardé dans beaucoup de circonstances, comme supérieur à un simple remède calmant et palliatif, sur-tout quand la modération des souffrances est l'unique soulagement qu'on puisse espérer, ou lorsque la guérison d'une maladie dépend de la suspension de certains accidens spasmodiques qui l'empêchent et l'éloignent. Les effets de l'Opium sur les corps vivans sont en outre si prompts, si actifs, si variés, qu'on est tenté d'imaginer qu'aussitôt que cette substance leur est appliquée ou introduite dans leur intérieur, il s'opère un changement dans la figure, le mouvement ou la situation de toutes leurs parties, d'une manière que nous ignorons , il est vrai, mais unique peut-être , pour produire ces grandes mutations , d'où résulte sans doute ensuite la guérison. On aurait bien mieux connu encore les propriétés nouvellement découvertes de ce suc narcotique , si , comme le dit *Thuessink* , les praticiens n'eussent pas été retenus jusqu'à présent, par une extrême réserve ou , pour ainsi dire , une espèce d'horreur mal fondée , de l'employer , et plus souvent et à de plus grandes doses. En effet , ce n'est que par hasard qu'on a tout récemment découvert ses propriétés dans les affections vénériennes , et précisément aussi parce que le hasard a fait insister sur des doses plus considérables.

On sait qu'*Alexandre Grant*, célèbre chirurgien anglais , fut le premier qui eut occasion , en 1779 , se trouvant alors à New-York, d'observer les étonnans effets de l'Opium, chez un grand nombre de vérolés que le mercure n'avait pas guéris. Parmi ceux-ci se trouvaient un bon nombre de soldats très-maltraités de symptômes vénériens invétérés. Comme ils étaient affligés ou d'ulcères de mauvais caractère, ou de grandes suppurations , ou de douleurs cruelles , et que l'Opium fut le seul qui les soulagea et finalement les guérit , il ne craint pas de conclure que ce médicament est réellement d'une grande utilité et convient très-bien dans les cas graves et opiniâtres. Il cite en témoignage de ses cures opiatiques anti-vénériennes, *Wier* et *Forster*, chirurgiens distingués des hôpitaux militaires, le savant médecin *Garthshore*, et *Rush*, autre chirurgien renommé. Il fait l'histoire de plus de vingt observations de guérison obtenue par ce moyen, indépendamment de quelques autres qui ne sont simplement qu'énoncées.

Michaelis, médecin général des troupes anglaises en Amérique, vers l'an 1780, étonné de la cure heureuse opérée par l'Opium sur un jeune homme qui avait été traité infructueusement par le mercure, et qui, de lui-même, s'était mis à l'usage de ce médicament, pour calmer les violentes douleurs dont il était tourmenté, s'empressa de vérifier, par d'autres expériences, cette espèce de prodige. Le résultat fut effectivement semblable sur les différens sujets qu'il traita, comme il en rend compte lui-même dans les vingt-une observations qu'il en a publiées.

Ce nouveau remède se répandit bientôt en Europe. On n'hésita pas d'en répéter les expériences en Angleterre. *Guillaume Saunders*, à l'hôpital de Guy à Londres ; *Henri Cullen*, à l'infirmerie royale d'Edimbourg ; *Nooth*, *Webster* et plusieurs autres du même royaume, s'empressèrent d'expérimenter l'usage de l'Opium dans la vérole, et furent les premiers qui publièrent les succès qu'ils en avaient obtenus.

A Copenhague on répéta les mêmes expériences ; et *Sibbern* et *Tode* publièrent à ce sujet douze observations très-exactes , bien raisonnées et parfaitement concluantes.

On est redevable au zèle du docteur *Schopff*, d'Anspach , de documens lumineux sur la nouvelle manière de traiter la vérole , lesquels furent rendus publics avec une honorable préface par *Delius* , médecin d'Erlang , en 1781. L'auteur , après avoir fidèlement rapporté de nombreux et d'heureux succès , ajoute : « Je » puis assurer que depuis dix mois que je traite » des vérolés , je n'ai administré du mercure » à aucun d'eux , et que je les ai tous guéris » avec le seul OPIUM. »

Il a paru à Leyde , en 1785, une excellente dissertation sur l'usage de l'OPIUM dans la siphilis , par le célèbre *Thuessink,* dans laquelle l'auteur soutient victorieusement la même thèse.

On vit sortir la même année , des presses de Pavie , le premier volume de l'excellent recueil des divers *opuscules de médecine* publiés par les soins de l'illustre *Frank.* Parmi les belles notes dont il a enrichi ce recueil , on en lit une sur l'OPIUM qu'il recommande aussi contre la maladie vénérienne. Cette longue et savante note se trouve à la fin de la sixième dissertation du même volume, à l'occasion de ce que dit l'auteur de cette dissertation en faveur de l'usage de l'Opium dans les fièvres intermittentes. *Frank* y esquisse en traits érudits une courte histoire de l'emploi de ce médicament dans la maladie en question, en même temps qu'il engage à continuer les expériences sur la même matière.

Ces expériences, *M. Gherardini* de Milan, les a bientôt entreprises, et en a fait part au public dans son excellent supplément à l'ouvrage de *Fabre*, qu'il a traduit et commenté. La franchise avec laquelle elles sont exposées, et les résultats qui en proviennent, n'en rendent l'ouvrage que plus précieux. Elles donnent un nouveau crédit à l'Opium parmi nous, et font un nouvel honneur à cet estimable médecin.

On voit également cette découverte accueillie en France en 1787. *M. Carrère*, entre autres, rapporte dans ses notes ajoutées à la *matière médicale* de *Venel*, vol. 2, p. 364, la description des faits énoncés sur la vertu de l'Opium dans les maladies vénériennes, et renvoie à des expériences ultérieures pour en obtenir de plus amples éclaircissemens.

OBSERVATIONS.

Depuis qu'on entend parler de cette découverte, je n'ai, de mon côté, négligé aucune circonstance qui pût me la confirmer par des faits. Un événement, sur-tout, que je n'avais dû également qu'au hasard, m'avait tellement étonné, que je n'en fus que plus excité à renouveler les mêmes expériences, pour constater une semblable vérité.

I.re OBSERVATION.

Un gentilhomme est le sujet de cet événement. Il avait passé, pour une vérole confirmée, par ce qu'on appelle les *grands remèdes*. Il les supporta bien, ce qui lui donnait l'espoir d'une parfaite guérison. Mais une cruelle céphalée ayant succédé aux longues souffrances qu'il avait déjà éprouvées, donnait lieu d'appréhender que malgré le calme qui régnait dans toutes les autres parties du corps, il ne subsistât encore quelque reste du vice principal porté à la tête.

Le malade prenait de l'OPIUM pour calmer ce nouvel accident ; on tentait l'impossible pour le vaincre, mais inutilement. Il restait donc à revenir aux frictions. Mais, soit timidité, soit répugnance de la part du malade, soit que la saison ne fût pas favorable, soit encore d'autres raisons, nous détournèrent de cette nouvelle entreprise. Cependant on continuait l'OPIUM, pour satisfaire du moins au besoin permanent de procurer un calme qu'on ne pouvait obtenir par aucun autre moyen. On suspendit même, par rapport à l'aversion du malade, tisanes, bains, purgations et tous les autres secours accessoires qu'on avait coutume d'employer. L'OPIUM resta donc le seul et unique remède. On en porta la dose si loin, parce que la céphalée le tourmentait vivement, qu'il parvint à en prendre jusqu'à trente, et même quelquefois jusqu'à quarante grains par jour.

Le malade prit de ces doses variées d'OPIUM pendant environ cinquante jours, au bout desquels il se trouva guéri ; et à peu près dix ans se sont écoulés depuis, sans qu'il ait rien éprouvé qu'on puisse attribuer à une origine vénérienne.

Calcul fait de la quantité d'OPIUM employé, il résulte qu'elle s'élève à huit cents grains.

Je me crois obligé d'avertir que l'OPIUM dont il est ici question est le véritable OPIUM des pharmacies, je veux dire l'OPIUM tel qu'il nous arrive de l'Egypte, de la Perse, de l'Arabie, de l'Anatolie ou des autres pays chauds de l'Asie. Il est indifférent que nous le tenions de l'une ou de l'autre de ces contrées, puisque les naturalistes et les voyageurs nous assurent qu'il y est également bon. Ainsi l'épithète de thébaïque qu'on était dans l'usage de lui ajouter, est inutile aujourd'hui ; il suffit que l'OPIUM soit de bon choix. Il sera tel,

comme le dit *Kempfer* , si ce n'est pas le *meco-*
nium des anciens , c'est-à-dire , le suc exprimé
et condensé des têtes , des tiges et des feuilles
de pavots , contuses et pilées , mais bien la
larme de ces mèmes pavots, c'est-à-dire , le suc
qui découle spontanément des crevasses natu-
relles ou des incisions pratiquées aux têtes de
ces plantes , et qui s'y est condensé et épaissi.
Il doit ètre dense , un peu mou , lisse , brun ,
amer , et , comme le dit *le formulaire de Flo-*
rence , faire venir le sommeil en le flairant , et
se fondre facilement dans l'eau. Qu'il soit le
produit du pavot blanc ou du noir , peu im-
porte ; *Alston* nous assure que ces deux pavots
donnent un suc qui ne diffère nullement ni en
saveur , ni en vertu.

C'est donc de cet Opium choisi que j'ai fait
usage , soit dans l'observation précédente , soit
dans les cas suivans.

II.e Observation.

Je ne saurais dire à quel point l'observation
précédente avait excité ma curiosité , depuis
sur-tout que j'apprenais que d'autres obtenaient
de l'Opium , des effets antisiphilitiques semblables à ceux que j'avais remarqués chez mon
malade. Ainsi j'administrai l'Opium , chaque
fois que je le trouvai convenable , chez les
malades affectés de maladie vénérienne. Voici

les observations les plus remarquables que j'ai eu occasion de faire.

Un Chevalier portait une gonorrhée dont il était bien temps de le délivrer. Il y avait un an et demi qu'elle fluait ; et l'on avait employé les meilleurs moyens pour s'en rendre maître. Il ne souffrait autre chose qu'une légère ardeur passagère quand il finissait d'uriner ; et il éprouvait quelquefois une sensation qui tenait de la douleur , dans l'érection de la verge.

Je lui fis préparer vingt-quatre pilules composées de vingt-quatre grains d'Opium avec suffisante quantité d'extrait de gaïac. Je lui en fis prendre chaque jour , une le matin et deux le soir. Les pilules furent terminées en huit jours, au bout desquels nous vîmes l'écoulement diminuer. Je lui conseillai de les reprendre à la même dose ; et l'écoulement éprouva de jour en jour une diminution sensible. La matière en était devenue dense, blanche et filante , de sorte que nous nous crûmes à la veille d'en voir complètement tarir la source. Cependant ce ne fut qu'après la troisième dose des pilules que nous pûmes atteindre le but désiré.

Un semblable effet eut lieu chez un autre malade qui depuis trois ans éprouvait par l'urètre un flux continuel, goutte à goutte , qui pouvait bien passer pour gonorrhéique. Je dis gonorrhéique , parce qu'il soutenait qu'il n'avait point contracté de mal , n'ayant pas eu de commerce impur. Quand un malade s'est décidé à parler ainsi, il va même souvent jusqu'à assurer qu'il n'a pas même éprouvé à l'origine de son indisposition, les accidens connus qui caractérisent l'infection, fruit d'un coït contagieux; et alors, ou se faisant illusion à lui-même, ou voulant en imposer au médecin, il regarde sa maladie comme spontanée et bénigne.

Quoiqu'il ne répugne pas à notre raison qu'une semblable maladie soit possible, c'est-à-dire, qu'elle puisse dériver quelquefois de causes intimes, comme d'une fluxion naturelle, du séjour et de la corruption d'humeurs dans la substance spongieuse et glandulaire qui entoure et compose l'urètre ainsi que tout le conduit urinaire ; néanmoins l'expérience démontre à un praticien qui a des lumières et de la pénétration, qu'un tel vice dépend, j'oserais dire toujours, d'une cause extérieure, c'est-à-dire, de l'introduction d'une matière contagieuse, au moyen de relations physiques et mutuelles. Ainsi, chez le sujet en question, j'aurais bien de la peine à croire que l'écoulement urétral opiniâtre dont il était affecté, ne fût pas réellement un de ceux qu'on est dans l'usage de décorer élégamment du nom de *larme* perpétuelle ou de *perle* perpétuelle *de Vénus*.

L'OPIUM dont ce malade fit usage, tantôt

à trois et tantôt à quatre grains par jour, était de la même qualité et de la même formule que les précédentes ; seulement il en employa trois doses de plus, le mal étant plus ancien et plus rebelle.

III.ᵉ OBSERVATION.

Une violente gonorrhée inflammatoire et cordée fait le sujet de cette troisième observation. Elle tourmentait depuis huit jours un jeune paysan, chez lequel elle s'était déclarée sept jours après la cohabitation avec une femme infectée. La liberté raisonnable qu'a le médecin de traiter comme il lui plaît un semblable malade, m'engagea à tenter l'OPIUM, sans aucun autre préalable. Je lui en donnai d'abord deux grains dans une once de conserve de casse ; le lendemain, deux grains dans le rob de sureau ; le troisième jour, deux autres grains dans le même rob. Il garda le repos, s'abstint du vin et but abondamment de l'eau pure.

On n'aperçut rien de nouveau dans ces trois jours, sinon le sommeil plus facile et plus long, et un peu d'adoucissement aux souffrances des parties génitales. Le quatrième jour j'augmentai la dose du remède, et je passai ensuite graduellement jusqu'à celle de huit grains dans les vingt-quatre heures, en ajoutant chaque fois, tantôt un demi-grain, tantôt un grain, jusqu'à la fin du mois ; en sorte que le malade parvint à en employer en tout, cent soixante grains, toujours unis au rob de sureau.

On continua le même régime. Les souffrances allaient en se ralentissant ; l'écoulement, plus copieux d'abord, diminua ensuite, paraissant alors plus blanc et plus épais. Le sommeil ne fut jamais excessif, malgré la haute dose de la préparation soporifique. La sueur, abondante pendant le sommeil, était réduite à une légère moiteur durant la veille. Le ventre était plutôt libre que resserré. Les urines étaient épaisses et abondantes, parce que d'ailleurs le malade buvait beaucoup. Enfin la maladie céda ; et l'on peut dire que cette gonorrhée se trouva complètement dissipée au bout de cinquante jours, sans aucune suite fâcheuse.

IV.ᵉ OBSERVATION.

Une femme d'un certain âge fut reçue à l'hôpital. Il lui était survenu un ulcère à la commissure inférieure de la vulve, après quoi, des crêtes sur les bords de cet ulcère, des crêtes, des verrues et des condilômes tout autour de l'anus. Le caractère de semblables symptômes était assez évident pour qu'on dût leur opposer un traitement anti-vénérien, tels que les décoctions diaphorétiques, les mercuriaux et les corrosifs ordinaires, employés à l'extérieur. Mais l'état de cette femme ne

s'améliorait pas. A peine une de ces incom-
modes végétations était-elle détruite, qu'il
en repoussait d'autres. Les souffrances persistaient, et les parties affectées se déformaient
de plus en plus. Je pris le parti de recourir au
nouveau remède. Je lui administrai méthodi-
quement deux grains d'Opium choisi, matin et
soir, en lui faisant boire par dessus une forte
décoction de salsepareille, sans oublier les opé-
rations locales prescrites par la chirurgie.

Au bout de dix jours de traitement, la
diarrhée survint. Cet accident fut le seul qui
parut ; et je ne remarquai pas le moindre changement dans tout le reste. Je ne m'arrêtai point
à cette diarrhée ; je persévérai au contraire
dans la méthode que j'avais entreprise. La
diarrhée continua régulièrement.

Les choses parurent prendre un meilleur
aspect, non-seulement du côté des incommo-
dités et des douleurs, car il était bien naturel
que celles-ci cédassent aux doses multipliées
d'un remède narcotique et calmant, mais
encore du côté des excroissances, lesquelles, à
mesure qu'on les détruisait, soit avec le caus-
tique, soit avec l'instrument tranchant, ne
repoussaient plus ; on voyait au contraire la
place d'où elles avaient été détachées prendre
un aspect louable et conforme à l'état naturel.

La malade n'avait pris ni plus ni moins de
deux grains d'Opium, matin et soir, durant

l'espace de quarante-cinq jours. Contente de son état , elle voulut sortir. On lui dit de revenir , s'il se manifestait quelques nouveaux accidens , ou si quelques-uns des anciens persistaient encore. Mais on ne la revit plus ; et l'on apprit dans la suite qu'elle se portait bien.

V.e OBSERVATION.

Nous avions à l'hôpital , un homme d'un âge moyen , affecté de dégoûtans symptômes vénériens externes. Il portait un bubon ouvert dans l'aîne droite, un ulcère sur le gland , deux poireaux au fondement , un autre ulcère à la gorge , des rhagades à la paume des mains , et un grand nombre de pustules dispersées çà et là sur tout le corps. On ne pouvait découvrir d'une manière certaine , ni la première époque de ces maux , ni les espèces de médications précédemment employées ; rien enfin qui pût éclairer dans la direction d'un nouveau traitement. On apprit seulement qu'il avait été soigné par une personne de l'art , sans savoir comment.

Ce fut par l'OPIUM que l'on commença ; ce cas me paraissant très-propre à éclairer sur la valeur de ce remède. La vigueur et la docilité du malade , la multiplicité des désordres morbifiques , la facilité qu'on a dans les hôpitaux de faire toutes les tentatives médicales possibles, pourvu qu'elles s'accordent avec la raison et l'expérience : tout enfin rendait ce cas extrê-mement précieux. On commença donc ce trai-tement par deux grains d'Opium, deux fois le jour, accompagné d'une boisson abondante de décoction de roseau de montagne. On fit faire fréquemment dans le jour, par le malade lui-même, des ablutions opiatiques, au moyen de linges trempés dans une solution d'Opium, à la dose d'un demi-denier environ, sur une livre d'eau commune, sur toutes les parties extérieures où il y avait des ulcères, des poi-reaux et des pustules. Cette quantité de solu-tion finie, on lui en donnait de nouvelle, afin qu'il pût continuer lesdites ablutions, pour ainsi-dire, avec indiscrétion et selon son caprice, ou suivant qu'il éprouverait aux par-ties malades, plus de douleur et de chaleur.

Ces moyens rendirent le sommeil au malade. Les cavités des ulcères paraissaient graduelle-ment fournir une matière moins abondante et plus louable ; les chairs du fond devenaient plus belles. Le ventre était tantôt libre, tantôt resserré. Les urines furent toujours abondantes. La transpiration était douce, l'esprit tran-quille, l'appétit passable.

On continua le même traitement pendant un mois, en augmentant la dose de l'Opium tout au plus de quelques grains par jour, sui-vant que l'exigeait l'habitude du remède ; et au bout de ce terme, il se trouva que le malade en avait employé cent cinquante grains à l'intérieur, et trois cent soixante à l'extérieur.

On ne pouvait pas se dissimuler qu'il n'allât mieux. Néanmoins on continua encore la même méthode pendant un mois, sans y rien changer. L'état du malade marchant à peu près sur le même pied que dans le premier mois, nous arrivâmes à la fin du second ; et alors nous trouvâmes presque tous les ulcères cicatrisés, les excroissances affaissées, les pustules dissipées. Je jugeai donc à propos de suspendre tout traitement, soit pour ne pas dépasser certaines limites, soit pour m'assurer si la maladie ne renaîtrait pas. Ainsi je gardai le malade à l'hôpital dans une abstinence absolue de remèdes, et seulement à l'usage d'un bon régime. Les ulcères qui n'étaient pas fermés, tel que celui du bubon qui fut le plus opiniâtre, se cicatrisèrent peu de jours après ; les poireaux qui restaient, rapetissés et desséchés, furent facilement enlevés avec l'instrument tranchant, et ne repoussèrent plus. Cet homme enfin sortit de l'hôpital très-bien guéri.

VI.ᵉ OBSERVATION.

Un Cuisinier d'un âge mûr, entra à l'hôpital après avoir souffert de longues et pénibles infirmités de cause vénérienne, et passé par un fatras de traitemens aussi longs qu'inutiles. Il souffrait des douleurs cruelles autour des malléoles des deux pieds, et portait un gonflement dur qui s'étendait depuis le jarret jusqu'aux orteils. L'articulation était toutefois saine, mais douloureuse ; les saillies des malléoles étaient augmentées de volume. Le gonflement ci-dessus, quoique très-rénitent, n'était cependant que de l'espèce des œdèmes. Il nous dit que depuis environ un mois il était dans ce mauvais état et inhabile à tout mouvement ; qu'il était resté tel après des onctions mercurielles faites en dernier lieu pour un ulcère à la verge et des douleurs aux articulations, symptômes dont il se sentait presque délivré au moment actuel, sa maladie s'étant toute concentrée depuis sur ses deux pieds.

Quelqu'un proposa aussi l'Opium pour ce malade ; on le mit en effet en usage. Il en prit deux cents et plus de grains, dans l'espace de cinquante jours, avec la décoction de salsepareille, sans qu'on s'aperçût d'un changement notable dans les secrétions et les excrétions. Il fit matin et soir, pendant le même espace de temps, des lotions sur les parties affectées, avec de l'eau opiatisée ; et ce malade s'est parfaitement rétabli.

VII.ᵉ Observation.

Un autre malade fut transporté à l'hôpital pour des douleurs ostéocopes très aiguës, dont il souffrait depuis long-temps aux tibias des deux jambes, et qui étaient causées par une ancienne vérole. Il prit deux cents grains d'Opium dans l'espace de quarante-six jours. Il se plaignait aussi de quelques douleurs aux épaules, au dos, aux cuisses ; mais celles des jambes l'emportaient, de manière que les autres étaient peu sensibles.

En même temps qu'il prenait l'Opium intérieurement, on lui appliquait sur les parties douloureuses, mais notamment sur les jambes, des compresses de linge doux, trempées dans de l'eau tiède chargée d'une bonne dose d'Opium. Ce traitement fut suivi du meilleur succès ; car le malade fut rendu à la santé la plus parfaite.

VIII.ᵉ Observation.

S'il y a des hommes qui ont véritablement la gonorrhée, sans vouloir se le persuader, ou que des raisons de politique engagent à en nier l'origine suspecte, on trouve encore bien plus facilement des femmes qui ne se comportent pas autrement. Il y a, au contraire, chez celles-ci , un motif d'erreur de plus ou un subterfuge plus spécieux, dans le flux blanc auquel sont sujettes les femmes même les plus chastes et les plus réservées , flux qu'il est , au reste , facile de confondre avec un flux contagieux.

Une jeune femme vivait dans cette erreur ou dans cette illusion volontaire , sans faire aucune attention à un mal qui n'était que trop d'une nature extraordinaire , c'est-à-dire vénérienne. Ce qui semblait la confirmer dans son idée , c'est que , comme elle le disait , celui avec lequel elle avait habité était très-sain d'ailleurs. Cette gonorrhée vénérienne qu'elle supporta long-temps , lui causa d'abord une grave douleur de tête , sur-tout la nuit , et ensuite une certaine petite toux qui la menaçait de phtisie.

La position de cette jeune personne ne comportait pas toute espèce de traitement. Ainsi l'Opium , remède commode , secret et en même temps efficace , était ce qui lui convenait le mieux. On l'entreprit donc par les méthodes indiquées ci-dessus; et l'on vint à bout de la maladie avec un succès tout aussi heureux.

N. B. Indépendamment des observations précédentes, je pourrais en citer un nombre égal et même plus grand , dans lesquelles l'issue n'a pas été aussi heureuse. Je les passe sous silence , non pour vanter en fanatique un nouveau remède, mais pour éviter de trop nombreuses descriptions, persuadé qu'il suffit de prévenir le lecteur que les bons effets de l'Opium ne sont pas constans.

J'ajoute, au reste, qu'il n'en est point résulté de mal, et que lorsque l'Opium est manié avec la dextérité d'un Praticien prudent, il n'y en a point à craindre. Ce qui peut arriver de pire, c'est que, s'il n'est pas suivi de succès, il reste inutile.

J'ajoute encore que les observations ci-dessus peuvent donner lieu à des exceptions, si l'on réfléchit aux traitemens mis en usage dans les maux pour lesquels j'ai ensuite employé l'Opium. Ces traitemens, quelquefois, ou ne sont pas tous connus, ou sont tels, qu'ils peuvent avoir coopéré, sinon d'une manière prompte, du moins insensible, à la future guérison ; d'où il est facile d'en attribuer le mérite au dernier médicament, c'est-à-dire à l'Opium, quand il serait possible qu'elle fût le résultat des autres remèdes.

Le temps et de nouvelles expériences décideront mieux cette question ; et disons-le avec *Frank : Quidquid fit, in eo positi sumus, ut mereatur Opium ulteriùs à Medicis in experientiam trahi.* Quoi qu'il en soit, nous en sommes parvenus à ce point, que l'Opium mérite de la part des Médecins-Praticiens d'ultérieures expériences.